Zur Kentniss einiger Derivate

DER

Camphersäure und Hemipinsäure

INAUGURAL-DISSERTATION

ZUR

ERLANGUNG DER DOKTORWÜRDE

DER

Philosophischen Facultät zu Basel

VORGELEGT VON

PIETER HAJONIDES VAN DER MEULEN

aus LEEUWARDEN

HAAG,
MARTINUS NIJHOFF,
1896.

ISBN 978-94-015-2046-1   ISBN 978-94-015-3225-9 (eBook)
DOI 10.1007/978-94-015-3225-9
Softcover reprint of the hardcover 1st edition 1896

ZUID-HOLLANDSCHE BOEK- EN HANDELSDRUKKERIJ.

MEINER MUTTER

in Dankbarkeit gewidmet.

Nachstehende Arbeit wurde im Laboratorium des Herrn Van Dorp im Amsterdam ausgeführt. Es ist mir eine angenehme Pflicht Herrn Dr. W. A. Van Dorp für die mit Rat und That geleistete Hülfe meinen aufrichtigsten Dank auszusprechen.

EINLEITUNG.

Die vorliegenden Untersuchungen wurden unter-
nommen als Fortsetzung der letzten Arbeit der
Herren HOOGEWERFF und VAN DORP über die isomeren Campher- und Hemipinamidosäuren [1].
Nach den folgenden Gleichungen wurden diese
isomeren Säuren von den Verfassern dargestellt:

$$R \underset{C=O}{\overset{C=O}{>}} O + NH_2 X = R \underset{COOH\,\beta}{\overset{CON\overset{H}{X}\,\alpha}{}}$$

α Amidosäuren.

$$R \underset{C=O}{\overset{C=O}{>}} N X + KOH = R \underset{CON\overset{H}{X}\,\beta}{\overset{COOK\,\alpha}{}}$$

β Amidosäuren.

X bedeutet H, CH_3, C_7H_7 und R = C_8H_{14}, $C_6H_2\overset{OCH_3}{\underset{OCH_3}{}}$

Nach den Verfassern üben die Gruppen, welche

---

1) Recueil des Travaux Chimiques des Pays-Bas XIV, Pag. 252.

die Ursache sind der asymetrischen Constitution der Campher- und Hemipinamidosäuren, einen Einfluss aus auf die beiden Carboxylgruppen dieser Säuren in der Weise, dass die eine stärker sauer ist als die andere. Diese verschiedene Stärke der beiden Gruppen $COOH$ wird bewiesen durch die verschiedene electrische Leitfähigkeit der beiden Monoester der Campher- und der Hemipinsäure 1).

Wie in den Säuren üben die genannten Gruppen auch einen Einfluss aus in den Anhydriden und Imiden dieser Säuren.

Wenn vorausgesetzt wird, dass dio Carbonylgruppe (α) stärker ist als die Carbonylgruppe (β), dann ist in

$$\text{den Anhydriden } R\begin{matrix} C=O\,\alpha \\ > O \\ C=O\,\beta \end{matrix} \quad \text{und den Imiden } R\begin{matrix} C=O\,\alpha \\ > NH \\ C=O\,\beta \end{matrix}$$

die Tendenz um sich mit basischen Radikalen zu verbinden bei der Carbonylgruppe (α) grösser als bei der Carbonylgruppe (β).

Wenn man die Anhydride behandelt mit Am-

$$\text{moniak, so wird die Gruppe } \begin{matrix} C=O\,\alpha \\ > O \\ C=O\,\beta \end{matrix} \text{ umgesetzt}$$

$$\text{in } \begin{matrix} CONH_2\,\alpha \\ \overline{COOH}\,\beta. \end{matrix}$$

Die Reaction findet in analoger Weise statt,

---

1) Wegscheider, Monatsh. f. Chemie XVI, 125.
Walker, Journal. Chem. Society 61, 1089, 1094.

wenn für Ammoniak ein primäres Amin genommen wird.

Das Gleiche gilt für die Imide: wenn man sie mit Kalilauge erwärmt, so verbindet sich die Carbonylgruppe (α) mit der O K Gruppe, man erhält

$$\mathrm{C\,O\,O\,K}\ \alpha$$
$$\mathrm{C\,O\,N\,H_2}\ \beta\cdot$$

Die Reactionen finden aber nicht ausschliesslich statt in einer Richtung; in den meisten Fällen wurde beobachtet, dass die α Amidosäuren aus Anhydrid ein wenig der β Amidosäuren enthalten, und dass neben den β Amidosäuren bereitet aus Imid auch α Amidosäuren gebildet werden.

Ich untersuchte zuerst die electrische Leitfähigkeit einiger isomeren Amidosäuren, zweitens das Verhalten einiger isomeren Amidosäuren bei der Einwirkung von Alkohol und Salzsäuregas.

1. Nach der Erklärung über das Entstehen der Amidosäuren der Herren Hoogewerff und Van Dorp müssen die β Amidosäuren $\mathrm{R} < {\mathrm{C\,O\,O\,H}\ (\alpha) \atop \mathrm{C\,O\,N\,H_2}\ (\beta)}$ stärker sauer sein als die α Amidosäuren $\mathrm{R} < {\mathrm{C\,O\,N\,H_2}\ (\alpha) \atop \mathrm{C\,O\,O\,H}\ (\beta)}$. Diese Auffassung wird bestätigt durch die electrische Leitfähigkeit dieser Säuren: ich fand, dass die β Amidosäuren grössere electrische Dissociationsconstanten besitzen als die α Amidosäuren.

Für die electrischen Constanten wurden die folgenden Werthe gefunden:

α Campheramidosäure . . $K = 0,00084.$

β Campheramidosäure . . $K = 0,00128.$

α Hemipinamidosäure . . $K = 0,068.$

β Hemipinamidosäure . . $K = 0,375.$

Das Verhältniss der electrischen Constanten ist bei den Hemipinamidosäuren $1 : 5, 5$, bei den Campheramidosäuren $1 : 1, 6$. Der Unterschied der Carbonylgruppen ist bei den ersteren grösser als bei den letzteren. In Beziehung hiermit steht wahrscheinlich, dass bei der Darstellung der Hemipinamidosäuren die Reaction viel vollständiger in einer Richtung statt findet als bei den Campheramidosäuren 1).

2. Bei der Einwirkung von Alkohol und Salzsäuregas auf die Amidosäuren finden die folgenden Reactionen statt:

Die α Campheramidosäure wird gefällt als salzsaures Salz. Keine Esterification findet statt, während die β Campheramidosäure völlig esterificirt wird.

Bei den Hemipinamidosäuren wird die α Amidosäure abgeschieden als salzsaures Salz; die β Amidosäure wird umgesetzt in Imid. In den letzteren beiden Fällen wurde keine Esterification beobachtet.

---

1) Wegscheider, l. c. Pag. 141.

Die substituirten Campher- und Hemipinamidosäuren geben beim gleichen Verfahren mit den
bei den nicht substituirten Säuren erhaltenen über-
einstimmende Resultate. Untersucht wurden die
Camphermethylamidosäuren und die Hemipinbenzylamidosäuren.

Die salzsauren Salze der α Amidosäuren sind
unbeständig an der Luft, verlieren bald ihre
Salzsäure, indem sie in die Amidosäuren über-
gehen; bei Schwefelsäure sind die meisten dieser
Salze beständig.

Aus dem Vorhergehenden ergibt sich also, dass
die Säuren der α Reihe schwache basische Eigen-
schaften besitzen, die den Säuren der β Reihe
nicht zuzukommen scheinen, in Uebereinstimmung
mit der Hypothese H. und v. D.

In Anschluss an diese Untersuchung habe ich
die Ester der Campher- und Hemipinamidosäuren
und einige ihrer in der Amidogruppe substituirten
Derivate dargestellt.

Nach sehr verschiedenen Methoden können diese
Ester bereitet werden.

1. Aus den Amidosäuren mit Alkohol und Salzsäuregas (für einige Säuren).

2. Aus den folgenden, die Cyangruppe enthal-
   tenden, Säuren entstehen mit Alkohol und
   Salzsäuregas Amidosäureester.

a. Cyanlauronsäure $C_8 H_{14} \begin{matrix} C N\ \alpha \\ C O O H\ \beta \end{matrix}$.

b. Dihydrocyancampholytische Säure $C_8 H_{14} \begin{matrix} C O O H\ \alpha \\ C N\ \beta \end{matrix}$.

c. (3. 4) Dimethoxyl (2) cyan (1) benzoësäure

$$C_6 H_2 \begin{matrix} O C H_3 & (4) \\ O C H_3 & (3) \\ C N & (2) \\ C O O H & (1) \end{matrix}$$

d. (3. 4) Dimethoxyl (1) cyan (2) benzoësäure

$$C_6 H_2 \begin{matrix} O C H_3 & (4) \\ O C H_3 & (3) \\ C O O H & (2) \\ C N & (1) \end{matrix}$$

3. Aus den salzsauren Salzen der Isoimide und aus den Isoimiden selbst mit Alkohol.

4. Aus den Silbersalzen der Amidosäuren mit Iodalkylen.

1. Einwirkung von Alkohol und Salzsäuregas auf die Amidosäuren.

Nach dieser Methode können allein die Ester der β Campheramidosäure und der β Camphermethylamidosäure erhalteu werden.

2. Einwirkung von Alkohol und Salzsäuregas auf die vier obengenannten Säuren.

Durch Behandlung der Säuren: Cyanlauronsäure, Dihydrocyancampholytische Säure, (3. 4) Dimethoxyl (2) cyan (1) benzoësäure, (3. 4) Dimethoxyl=

(1) cyan (2) benzoësäure, mit Alkohol und Salzsäuregas wurden die Amidosäureester erhalten.

In welcher Weise diese entstehen, werden spätere Versuche entscheiden müssen. Vielleicht wird zuerst die Carboxylgruppe esterificirt, und nimmt zu gleicher Zeit die Cyangruppe Alkohol und Salzsäure auf 1) nach der Gleichung:

$$R\genfrac{}{}{0pt}{}{C\,N}{C\,O\,O\,H} + 2\,M\,O\,H + H\,Cl = R\genfrac{}{}{0pt}{}{C\genfrac{}{}{0pt}{}{=N\,H\,.\,H\,Cl}{-\,O\,M}}{C\,O\,O\,M} + H_2\,O$$

worauf die gebildete Verbindung sich zersetzt.

$$R\genfrac{}{}{0pt}{}{C\genfrac{}{}{0pt}{}{=N\,H\,.\,H\,Cl}{-\,O\,M}}{C\,O\,O\,M} = R\genfrac{}{}{0pt}{}{C\,O\,N\,H_2}{C\,O\,O\,M} + M\,Cl.$$

$$R = C_8\,H_{14}, \quad C_8\,H_8\,O_2 \text{ und } M = C\,H_3, \quad C_2\,H_5 \text{ u.s.w.}$$

---

1) Vergl. Pinner, Die Imidoaether und ihre Derivate, Berlin 1892.

Während des Druckes dieser Arbeit erschien eine Abhandlung der Herren Oddo und Leonardi (Gazz. Chim. Ital. Jahrg. XXVI, pag. 405), welche den Vorgang klar legt.

O. und L. wiesen nach, dass die Cyanlauronsäure in aetherischer Lösung durch trocknes Salzsäuregas übergeführt wird in das salzsaure α Isoimid der Camphersäure.

Sie stellen den Vorgang in folgender Weise dar:

$$C_8\,H_{14}\genfrac{}{}{0pt}{}{C\,N}{C\,O\,O\,H} - C_8\,H_{14}\genfrac{}{}{0pt}{}{C\genfrac{}{}{0pt}{}{=N\,H}{-\,Cl}}{C\,O\,O\,H} - C_8\,H_{14}\genfrac{}{}{0pt}{}{C=N\,H\,.\,H\,Cl.}{C=O}{>}\!O$$

Höchst wahrscheinlich wird auch in alkoholischer Lösung unter der Einwirkung des Salzsäuregases an erster Stelle dieselbe Reaction stattfinden, das entstandene salzsaure Isoimid wird dann weiter nach der unter 3 erwähnten allgemeinen Reaction umgesetzt werden in Amidosäureester.

3. Diese Methode scheint allgemein zu sein.

Zur Darstellung der substituirten Amidosäureester können die Isoimide oder ihre salzsauren Salze angewendet werden: es ist aber bequemer, von den letzteren auszugehen.

Bei den nicht substituirten Isoimiden geht man von den Chlorhydraten aus, da nur diese bekannt sind.

Die Esterification findet statt nach folgender Gleichung 1).

$$R \begin{array}{c} C \!=\! N . X \\ > O \\ C = O \end{array} + \begin{array}{c} H \\ O\,M \end{array} = R \begin{array}{c} C\,O\,N \begin{array}{c} H \\ X \end{array} \\ C\,O\,O\,M \end{array}.$$

1) Es sind hier für diese aus den Isoimiden enstehenden Ester von Amidosäuren die Formeln $R \begin{array}{c} C\,O\,N \begin{array}{c} H \\ X \end{array} \\ C\,O\,O\,M \end{array}$ angenommen, da Isomerien bei den nach verschiedenen Methoden dargestellten Estern nicht wahrgenommen wurden.

Einige Versuche, welche ich nach Fertigstellung dieser Arbeit mit dem Phtalphenylisoimid $C_6\,H_4 \begin{array}{c} C \!=\! N . C_6\,H_5 \\ > O \\ C = O \end{array}$ ausführte, haben ergeben, dass aus dem salzsauren Salz dieses Körpers mit Methylalkohol ein Phtalphenylamidosäuremethylester entsteht, der isomer ist mit dem, welcher aus dem phtalphenylamidosauren Silber mit Iodmethyl erhalten wird.

Erstgenanntem Ester wird wahrscheinlich die Formel

$$C_6\,H_4 \begin{array}{c} C \begin{array}{c} - N \begin{array}{c} H \end{array} C_6\,H_5 \\ - O\,C\,H_3 \end{array} \\ > O \\ C = O \end{array}$$ zugeschrieben werden müssen.

Wahrscheinlich wird auch einigen der in dieser Arbeit genannten Ester eine analoge Constitution zukommen, was durch spätere Untersuchungen entschieden werden muss.

4. Einwirkung von Iodalkylen auf die Silbersalze
der Amidosäuren.

Nach mündlicher Mittheilung der Herren Hoo-
GERWERFF und VAN DORP sind in dieser Weise einige
Ester der Campheramidosäuren bereitet. Wahrscheinlich ist diese Methode auch allgemeiner An-
wendung fähig.

———

Zum Schluss habe ich die zwei isomeren He-
mipinbenzylisoimide bereitet. In gleicher Weise
wie die Isoimide der Camphersäure und der Phtal-
säure können sie dargestellt werden durch Erhitzen der Hemipinbenzylamidosäuren mit Acetylchlorid, und Zersetzen der gebildeten salzsauren
Salze der Isoimide mit Kalilauge.

Die Bildung der salzsauren Isoimide findet nach
folgender Gleichung statt.

$$C_8H_8O_2 \begin{matrix} C = N - C_7H_7 \\ C - OH \\ COOH \end{matrix} + CH_3COCl = C_8H_8O_2 \begin{matrix} C = N\,C_7H_7\,HCl \\ > O \\ C = O \end{matrix} +$$

$$+ CH_3COOH.$$

EXPERIMENTELLER THEIL.

Bestimmung der Leitfähigkeiten der Campher- und Hemipinamidosäuren.

Mit Bewilligung des Herrn Prof. Dr. J. H. VAN 'T HOFF habe ich diese Messungen im chemischen Institut der Universität ausgeführt.

Die folgenden Werthe bestimmt bei 25° habe ich für die Amidosäuren erhalten.

$\varkappa$ Campheramidosäure.

$v =$	64	128	256	512
$\mu =$	8,042	11,12	16,00	21,28.

β Campheramidosäure.

$v =$	64	128	256	512
$\mu =$	9,70	13,84	19,55	27,69.

$\varkappa$ Hemipinamidosäure.

$v =$	64	128	256	512	1024
$\mu =$	22,64	31,10	43,19	57,05	75,35.

β Hemipinamidosäure.

$v = 64 \qquad 128 \qquad 256 \qquad 512 \qquad 1024$
$\mu = 53{,}67 \qquad 68{,}61 \qquad 93{,}10 \qquad 118{,}70 \qquad 147{,}53.$

v bedeutet das Volum der Lösung in Litern für das Moleculargewicht in Grammen, μ die moleculaire Leitfähigkeit bezogen auf Siemens' Einheiten für den Widerstand.

Daraus berechnen sich folgende Werthe für den Dissociationsgrad in Procenten (100 m.) und für den Affinitätscoefficienten ($K = 100$ k.).

α Campheramidosäure ($\mu \infty = 350$).

$v =$	64	128	256	512
$100\,m =$	2,30	3,18	4,57	6,08
$K =$	0,000846	0,000814	0,000855	0,00077

$$K = 0{,}00084$$

β Campheramidosäure ($\mu \infty = 350$).

$v =$	64	128	256	512
$100\,m =$	2,77	3,95	5,58	7,91
$K =$	0,00123	0,00127	0,00129	0,00133

$$K = 0{,}00128$$

α Hemipinamidosäure ($\mu \infty = 350$).

$v =$	64	128	256	512	1024
$100\,m =$	6,47	8,88	12,31	16,30	21,52
$K =$	0,070	0,068	0,068	0,062	0,057

$$K = 0{,}068$$

18

$$\beta \; \text{Hemipinamidosäure} \; (\mu \infty = 350).$$

$v =$	64	128	256	512	1024
$100\,m =$	15,34	19,60	26,60	33,91	42,15
$K =$	0,434	0,373	0,376	0,34	0,30

$$K = 0,37$$

Diese Werthe theile ich aber unter Vorbehalt mit. Beim Bestimmen derselben fand ich, dass die Säuren direct nach dem Lösen grössere Leitfähigkeiten hatten als nach längerem Stehen. Dies wurde besonders beobachtet bei der α Campheramidosäure. Die hier gegebenen Werthe dieser Säure wurden bestimmt ungefähr 16 Stunden nach dem Lösen bei 20°.

Direct nach dem Lösen der α Campheramidosäure fand ich die folgenden Zahlen bei 25°:

$v =$	64	128	256
$\mu =$	10,28	13,39	17,46
$100\,m =$	2,94	3,82	4,99
$K =$	0,00140	0,00118	0,00102

———— ————

Einwirkung von Chlorwasserstoff und Methylalkohol auf α Campheramidosäure.

5 gr. α Campheramidosäure wurden gelöst in 50 gr. wasserfreien Methylalkohol, und in die mit Wasser gekühlte Lösung wurde trocknes Salzsäuregas bis

zur vollständigen Sättigung eingeleitet Das Gemisch wurde über Schwefelsäure und festes Kali gebracht.

Meistens schon direct setzen sich schöne Krystalle ab des salzsauren Salzes der α Campheramidosäure. Nach einigen Tagen wurden die Krystalle von der Mutterlauge befreit; nach Waschen mit mit Chlorwasserstoff gesättigtem Methylalkohol und mit trocknem Aether wurden sie über Schwefelsäure getrocknet.

Das salzsaure Salz bildet schöne rhombische Krystalle, welche bei Schwefelsäure beständig sind, an der Luft aber bald Salzsäure abgeben; mit Wasser findet sogleich dieselbe Zersetzung statt. Das salzsaure Salz schmilzt bei $\pm$ 160° unter Gasentwickelung.

Elementaranalyse:

I. 0,2111 gr. gaben 0,3925 gr. CO_2 und 0,145 gr. H_2O.

II. 0,2500 gr. gaben 0,4652 gr. CO_2 und 0,1733 gr. H_2O.

Stickstoffbestimmung nach Kjeldahl:

0,3031 gr. verbrauchten 12,65 $C\,C^1/_{10}\,N$ H_2SO_4.

Chlorbestimmung:

I. 0,3221 gr. gaben 0,1955 gr. Ag Cl.

II. 0,2503 gr. gaben 0,1506 gr. Ag Cl.

Berechnet für:

$$C_8 H_{14} \begin{array}{l} CONH_2 \\ COOH \end{array} . HCl.$$

	Berechnet	Gef. I	II
C =	51	50,7	50,7
H =	7,6	7,6	7,7
N =	6	5,8	
Cl =	15	15	14,9

Die α Campheramidosäure wurde dargestellt aus der rohen α Campheramidosäure (bereitet nach H. und V. D. 1), durch Einleiten von Chlorwasserstoff in die methylalkoholische Lösung der rohen Säure (1 Theil Säure auf 5 Theile Methylalkohol). Nach der Sättigung kristallisirte aus der Flüssigkeit über Schwefelsäure und Kali das salzsaure Salz der α Campheramidosäure aus.

Aus diesem Salz wurde die α Campheramidosäure rein erhalten durch Zersetzen mit Wasser. Die alkoholische von den Krystallen abgegossene Mutterlauge enthält β Campheramidosäuremethylester.

Die Ausbeute betrug aus 10 gr. rohe α Campheramidosäure $\pm$ 4 gr. salzsaures Salz der α Campheramidosäure und ungefähr 3 gr. an rohem β Ester.

α Campheramidosäuremethylester.

Nach den beiden folgenden Methoden wurde dieser Ester bereitet:

a) 3 gr. Cyanlauronsäure wurden gelöst in 15 gr. Methylalkohol; dann wurde Salzsäuregas eingeleitet bis zur Sättigung.

Die Lösung wurde einen Tag über Schwefelsäure und festem Kali eingeengt, darauf mit dem mehr-

---

1) Recueil XIV, S. 258

fachen Volumen Wasser versetzt. Der Ester fällt in schönen Nadeln beinahe vollständig aus; die Ausbeute betrug 2,5 gr.

Der Körper schmilzt bei 152°—153°. Aus Benzol und aus Wasser kann der Ester umkristallisirt werden; aus Benzol fällt er in Prismen aus. In trocknem Aether ist er schwer löslich 1).

Elementaranalyse:

0,3074 gr. gaben 0,6963 gr. CO_2 und 0,2533 gr. H_2O.

Stickstoffbestimmung nach Dumas:

0,4036 gr. gaben 0.027088 gr. N.

Berechnet für:

$$C_8\,H_{14} \begin{matrix} C\,O\,N\,H_2 \\ C\,O\,O\,C\,H_3 \end{matrix} \qquad \begin{matrix} C = 62 \\ H = 8,9 \\ N = 6,6 \end{matrix} \qquad \begin{matrix} \text{Gef. } 61,8 \\ 9,2 \\ 6,7 \end{matrix}$$

b. Das salzsaure Salz des α Campherisoimids wurde gebracht in absoluten Methylalkohol, in welchem es sich schnell löste. Die Flüssigkeit wurde darauf mit Wasser versetzt, mit verdünnter Natronlauge alkalisch gemacht, und mit Aether ausgeschüttelt. Die grösste Menge Aether wurde abdestillirt, und die Lösung über Schwefelsäure weiter eingedampft.

Durch Umkristallisiren aus Benzol wurde der Ester rein erhalten; er schmolz bei 151°—152° 2).

---

1) Die meisten Ester der von mir untersuchten Amidosäuren geben mit Chlorcalcium in Aether unlösliche Verbindungen, worauf bei der Verarbeitung dieser Ester zu achten ist.

2) Nach Privatmittheilung der Herren Hoogewerff und Van

Bei dieser Reaction entstehen Nebenprodukte, welche noch genauer untersucht werden müssen.

Stickstoffbestimmung nach Dumas:

0,4086 gr. gaben 0,02726 gr. N.

Berechnet für:

$$C_8 H_{14} \begin{matrix} C O N H_2 \\ C O O C H_3 \end{matrix} \qquad N = 6{,}6\,\% \qquad \text{Gef. } 6{,}7$$

Einwirkung von Chlorwasserstoff und Methylalkohol auf α Camphermethylamidosäure.

5 gr. α Camphermethylamidosäure (bereitet nach AUWERS und SCHNELL [1]) wurden gelöst in 30 gr. trocknen Methylalkohol, und trocknes Salzsäuregas wurde bis zur Sättigung eingeleitet.

Ueber Schwefelsäure und Kali setzt sich aus der Flüssigkeit bald das salzsaure Salz der α Campher-

DORP kann der α Campheramidosäureäthylester bereitet werden aus dem Silbersalz der α Campheramidosäure mit Jodäthyl.

Ohne Zweifel wird man den Methylester in ähnlicher Weise darstellen können.

Wahrscheinlich ist mit dem auf diesen verschiedenen Wegen bereiteten Methylester der Campheramidosäuremethylester identisch, der von Noyes aus dem Natriumsalz des Orthomethylesters der Camphersäure durch Behandlung mit Phosphoroxychlorid und Ammoniak erhalten wurde. Der Schmelzpunkt dieses Esters liegt nämlich ebenfalls bei 152°—153°. (Berichte der Deutschen Chemischen Gesellschaft 27, S. 917).

1) Berichte 26, Pag. 1522.

methylamidosäure ab. Das Salz wurde abgewaschen mit mit Salzsäure gesättigtem Methylalkohol und trocknem Aether, und über Schwefelsäure getrocknet.

Das Salz bildet schöne, harte Krystalle, welche über Schwefelsäure beständig, an der Luft schnell zerfliessen unter Abgabe von Chlorwasserstoff.

Bei 210°—211° findet Zetsetzung statt.

Chlorbestimmung:

0,3242 gr. gaben 0,1845 gr. Ag. Cl.

Berechnet für:

$$C_8 H_{14} \begin{array}{l} CON \underset{CH_3}{\overset{H}{C}} \cdot HCl \\ COOH \end{array} \qquad Cl = 14{,}2 \qquad Gef. Cl = 14{,}1.$$

α Camphermethylamidosäuremethylester.

4 gr. α Camphermethylisoimid (bereiteit nach H. und v. D. 1) wurden gebracht in $\pm$ 15 gr. trocknen Methylalkohol; es löst sich bald.

Die Lösung wurde darauf einige Augenblicke erwärmt, und dann über Schwefelsäure zur Trockene verdampfen gelassen. Aus Benzol und Ligroin umkristallisirt, betrug die Ausbeute an reinem α Camphermethylamidosäuremethylester 1,6 gr. Dieser schmolz bei 135°—136°.

---

1) Recueil XII, Pag. 12.

Man kann auch von dem salzsauren Salz des Isoimids 1) ausgehen. Dieses Salz wird unter Kühlung gebracht in absoluten Methylalkohol. Die Lösung wird mit Aether verdünnt und mit verdünnter Natronlauge geschüttelt. Aus dem Rückstand wird der Ester durch Umkristallisiren aus Benzol mit Ligroin leicht rein erhalten. Der Schmelzpunkt liegt bei 135°—136°.

Elementaranalyse:

0,2316 gr. gaben 0,5409 gr. CO_2 und 0,2024 gr. H_2O.

Stickstoffbestimmung nach Dumas:

0,3142 gr. gaben 0,01891 gr. N.

Berechnet für:

$$C_8 H_{14} \begin{array}{l} CON \begin{array}{l} H \\ CH_3 \end{array} \\ COOCH_3 \end{array} \qquad \begin{array}{lll} C = 63,4 & \text{Gef. } 63,7 \\ H = 9,3 & 9,7 \\ N = 6,2 & 6,0 \end{array}$$

Der Ester ist sehr leicht löslich in Alkohol.

Einwirkung von Chlorwasserstoff und Methylalkohol auf β Campheramidosäure.

5 gr. β Campheramidosäure (bereitet nach Hoogewerff und van Dorp 2) wurden gelöst in 25 gr. trocknen Methylalkohol und Salzsäure wurde bis zur Sättigung eingeleitet. Wird die Lösung über Schwe-

---

1) Recueil XII, Pag. 12.
2) Recueil XIV, Pag. 265.

felsäure und festem Kali eingedampft, so bleibt ein Oel zurück. Versetzt man dieses mit Wasser, so fällt der β Campheramidosäuremethylester aus in feinen Nadeln. Die Ausbeute beträgt ungefähr 4 gr.

Der Ester schmilzt bei $138°—142°$, und kann ohne Zersetzung leicht umkristallisirt werden aus Wasser.

In trocknem Aether ist er schwer löslich. Durch verdünnte, wässerige Kalilauge wird er glatt verseift.

Elementaranalyse:

0,2297 gr. gaben 0,5196 gr. C_2O und 0,1802 gr. H_2O.

Stickstoffbestimmung nach Kjeldahl:

0,2530 gr. verbrauchten 11,87 $C\,C^1/_{10}\;N\;H_2\,S\,O_4$.

Berechnet für:

$$C_8\,H_{14}\,{C\,O\,O\,C\,H_3 \atop C\,O\,N\,H_2} \qquad \begin{array}{ll} C = 62 & \text{Gef. } 61,7 \\ H = 8,9 & 8,7 \\ N = 6,6 & 6,6 \end{array}$$

Der Methylester gelöst in Methylalkohol und Salzsäuregas eingeleitet gab nach dem Einengen ein salzsäurehaltiges Oel, unlöslich in trocknem Aether. Beim Stehen über Schwefelsäure giebt das Oel theilweise seine Salzsäure ab, und der Ester kristallisirt aus.

Wie in der α Reihe können auch in der β Reihe die Ester bereitet werden, indem man von den entsprechenden Isoimiden ausgeht. Zur Darstellung des β Campheramidosäuremethylesters löst man das salzsaure β Campherisoimid in absoluten Methylalkohol, verdünnt mit Aether, und macht mit verdünnter Natronlauge schwach alkalisch. Die abgehobene aetherische Lösung wird verdampft, und der Rückstand in heisses Wasser gelöst. Beim Erkalten dieser Lösung kristallisirt der Ester in Nadeln aus.

β Campheramidosäureäthylester.

Die Darstellung dieses Körpers geschieht nach denselben Vorschriften als die des Methylesters.

Er schmilzt bei 94°. In Benzol gelöst und mit Ligroin gefällt, kristallisirt der Ester in sehr langen perlmutterglänzenden Nadeln. Er ist leicht löslich in Alkohol und Aether 1).

Elementaranalyse:

0,2491 gr. gaben 0,577 gr. CO_2 und 0,212 gr. H_2O.

Stickstoffbestimmung nach Dumas:

0,4125 gr. gaben 0.0258 gr. N.

Berechnet für:

$$C_8 H_{14} \begin{array}{l} COOC_2H_5 \\ CONH_2 \end{array} \qquad \begin{array}{l} C = 63,4 \\ H = 9,2 \\ N = 6,2 \end{array} \qquad \begin{array}{l} \text{Gef. } 63,2 \\ 9,4 \\ 6,3 \end{array}$$

β Camphermethylamidosäuremethylester.

Wasserfreie β Camphermethylamidosäure (berei-

---

1) Nach Privatmittheilung der Herrn Hoogewerff und van Dorp kann dieser Ester auch bereitet werden aus dihydrocyancampholytischer Säure mit Salzsäure und Alkohol.

tet nach H. und v. D. 1) wurde gelöst in die fünffache Menge Methylalkohol und Chlorwasserstoff wurde bis zur Sättigung eingeleitet. Die Flüssigkeit wurde eingeengt über Schwefelsäure und Kali, und das rückständige Oel nach Zersetzung mit Wasser in Aether aufgenommen. Aus dem Aether wurde der Ester erhalten als ein Oel, welches meistens langsam kristallinisch wurde. Durch Lösen in Benzol und Fällen mit Ligroin wurde er gereinigt. Der Ester kristallisirt leicht, wenn mann geringe Menge der kristallisirten Substanz zufügt. Er ist löslich in Aether, Benzol und Chloroform, und schmilzt bei 68°.

Elementaranalyse:

0,3056 gr. gaben 0.7077 gr. CO_2 und 0,2582 gr. H_2O.

Berechnet für:

$$C_8 H_{14} \begin{cases} COOCH_3 \\ CON \begin{smallmatrix} H \\ CH_3 \end{smallmatrix} \end{cases} \qquad \begin{aligned} C &= 63,4 \\ H &= 9,3 \end{aligned} \qquad \text{Gef. } \begin{aligned} C &= 63,2 \\ H &= 9,4 \end{aligned}$$

Einwirkung von Chlorwasserstoff und Methylalkohol auf α Hemipinamidosäure.

3 gr. wasserfreie α Hemipinamidosäure (bereitet nach H. und v. D. 2)) wurden gelöst in 30 gr. wasserfreien Methylalkohol; beim Einleiten von Salzsäure-

---

1) Recueil XIV, Pag. 268.
2) Recueil XIV, Pag. 271.

gas wird die Lösung bald ganz fest durch die Abscheidung des salzsauren Salzes der α Hemipinamidosäure. Das Salz wird in gleicher Weise verarbeitet wie das entsprechende Salz der α Campheramidosäure. Es kristallisirt in feinen Nadeln, welche bei Schwefelsäure schon Salzsäure abgeben.

Uebereinstimmende Analysen waren schwer zu erhalten.

Elementaranalyse:

I 0,2671 gr. gaben 0,4491 gr. CO_2 und 0,1142 gr. H_2O.

II 0,3018 gr. gaben 0,4397 gr. CO_2 und 0,1253 gr. H_2O.

Chlorbestimmung:

I 0.3005 gr. gaben 0,1490 gr. Ag Cl.

II 0,3016 gr. gaben 0,1600 gr. Ag Cl.

Berechnet für:

$$C_6H_2 \begin{cases} O\,C\,H_3 & (4) \\ O\,C\,H_3 & (3) \\ C\,O\,N\,H_2.\,H\,Cl & (2) \\ C\,O\,O\,H & (1) \end{cases}$$

		I:	II:
C = 45,9	Gef.	45,9	44,1
H = 4,6		4,8	5,1
Cl = 13,5		12,2	13,1

α Hemipinamidosäuremethylester.

Bisher habe ich nur das salzsaure Salz dieses Esters bereitet, es ist mir noch nicht gelungen, den Ester selbst zu isoliren.

Das salzsaure Salz kann in folgender Weise erhalten werden:

1. Das salzsaure Salz des α Hemipinisoimids (bereitet nach Hoogewerff und van Dorp 1)) wird

---

1) Receuil XIV, Pag. 272.

gebracht in absoluten Methylalkohol, unter Kühlung. Nach dem Lösen wird die Flüssigkeit verdünnt mit trocknem Aether.

Das salzsaure Salz des Esters setzt sich fein kristallinisch ab. Das Salz kann umkristallisirt werden durch Zufügen von Aether zu der alkoholischen Lösung; es ist sehr leicht löslich in Wasser; beim Verdampfen über Schwefelsäure setzt sich aus der wässerigen Lösung wieder das salzsaure Salz ab. Beim Zusatz von alkoholischem Ammoniak zu der alkoholischen Lösung des salzsauren Salzes setzt sich kein Chlorammonium ab.

Beim Kochen der wässerigen Lösung des Salzes wird es umgesetzt in Hemipinsäure.

An der Luft ist das Salz beständig.

Der Schmelzpunkt liegt bei $\pm$ 141° unter Zersetzung.

Elementaranalyse:
0,3127 gr. gaben 0,5436 gr. CO_2 und 0,1436 gr. H_2O.

Chlorbestimmung:
0,3030 gr. gaben 0,1549 gr. $Ag\,Cl$.

Stickstoffbestimmung nach Kjeldahl:
0,2994 gr. verbrauchten 10,95 CC $^1/_{10}$ N H_2SO_4.

Berechnet für:

$$C_6H_2\begin{cases} OCH_3 & (4) \\ OCH_3 & (3) \\ CONH_2.HCl & (2) \\ COOCH_3 & (1) \end{cases}$$

	Berechnet	Gef.
C	47,9	47,4
H	5,1	5,1
N	5,1	5,1
Cl	12,8	12,6

2. 2 gr. (3, 4) dimethoxyl (2) cyan (1) benzoësäure 1) werden gebracht in 20 gr. Methylalkohol.
Beim Einleiten von Salzsäuregas geht die Säure
beinahe völlig in Lösung. Bringt man die Flüssigkeit über Schwefelsäure, so kristallisirt das salzsaure Salz des α Hemipinamidosäuremethylesters
meistens direct in schönen, feinen Nadeln aus;
durch Verdünnen mit trocknem Aether wird es
fein kristallisirt erhalten. Die Nadeln schmelzen
bei 141° unter Zersetzung.

Chlorbestimmung:

0,3044 gr. gaben 0,1536 gr. Ag Cl.

Berechnet:

12,8 % Cl.   Gef. 12,5.

Das salzsaure Salz des α Hemipinamidosäuremethylesters gibt auch ein Chloraurat.

Das Aurat scheidet sich allmählig in gelben,
schwer löslichen Blättchen ab, wenn die wässerige
Lösung des Salzes mit Goldchlorid versetzt wird.

Analyse:

0,2443 gr. getrocknet bei Schwefelsäure gaben
0,0832 gr. Au.

Berechnet für:

$$C_6 H_2 \begin{cases} O\,C\,H_3 \\ O\,C\,H_3 \\ C\,O\,N\,H_2 . H\,Cl . Au\,Cl_3 \\ C\,O\,O\,C\,H_3 \end{cases} \qquad Au = 34,1 \quad Gef.\ 34,1$$

---

1) Recueil XIV, Pag. 272.

Einwirkung von Chlorwasserstoff und Methylalkohol auf β Hemipinamidosäure.

3 gr. wasserfreie β Hemipinamidosäure (bereitet nach Hoogewerff und van Dorp 1)), gelöst in 30 gr. wasserfreien Methylalkohol, gaben beim Einleiten von Salzsäuregas eine Kristallisation des Hemipinimids, welches bei 225°—226° schmolz.

β Hemipinamidosäuremethylester.

1. Das salzsäure Salz des β Hemipinisoimids (bereitet nach Hoogewerff und van Dorp 1)) wird unter Kühlung in absoluten Methylalkohol gebracht. Es löst sich schnell; bald setzt sich schon in der alkoholischen Lösung der β Hemipinamidosäuremethylester ab in kleinen Kristallen.

Durch Zusatz von Aether wird der noch in der Lösung befindliche Ester gefällt.

Der Ester wird umkristallisirt aus Alkohol.

Er schmilzt bei 173°—174°, indem er dabei in Hemipinimid übergeht.

In trocknem Aether ist er fast unlöslich, durch Wasser wird er beim Kochen unter Bildung von Imid zersetzt; auch in Chloroform ist er schwer löslich.

Elementaranalyse:

0,3106 gr. gaben 0,6237 gr. CO_2 und 0,1518 gr. H_2O.

---

1) Recueil XIV, Pag. 273—274.

Stickstoffbestimmung nach Kjeldahl:

0,2997 gr. verbrauchten 12,4 $CC^1/_{10}$ N H_2SO_4.

Berechnet für:

$$C_6H_2 \begin{cases} OCH_3 & (4) \\ OCH_3 & (3) \\ COOCH_3 & (2) \\ CONH^2 & (1) \end{cases}$$

	Berechnet	Gef.
C =	55,2	54,8
H =	5,4	5,4
N =	5,9	5,8

2. Dieser Ester kann auch bereitet werden in folgender Weise:

2 gr. (3, 4) Dimethoxyl (1) cyan (2) benzoësäure (bereitet nach Hoogewerff und van Dorp 1)) werden gelöst in 15 gr. Methylalkohol, und trocknes Salzsäuregas wird bis zur Sättigung eingeleitet.

Bisweilen setzt sich unter dem Einleiten Hemipinimid ab.

Wenn der Alkohol gesättigt ist, wird das Imid abfiltrirt, und das Filtrat unter guter Kühlung mit Wasser zersetzt, wobei der β Hemipinamidosäuremethylester gefällt wird. Der Ester wird umkristallisirt aus Alkohol, und giebt als Schmelzpunkt 173°—174°.

Analyse: Stickstoffbestimmung nach Kjeldahl:

0,3065 gr. verbrauchten 12,5 $CC\ ^1/_{10}$ N H_2SO_4.

Gef.: 5,7 N.

β Hemipinamidosäureäthylester.

Bei der Bereitung dieses Esters wurde die beim

---

1) Recueil XIV, S. 274.

β Methylester unter I beschriebene Methode in Anwending gebracht, indem das salzsaure Salz des Isoimids statt mit Methylalkohol mit Aethylalkohol zusammen gebracht wurde.

Der β Hemipinamidosäureäthylester schmilzt bei 180°—181°, unter Bildung von Imid. Er kristallisirt aus Alkohol in kleinen Prismen. Wenn man mit Vorsicht arbeitet, kann er ohne Zersetzung aus Wasser umkristallisirt werden; beim dauernden Kochen wird er ganz umgesetzt in Imid.

Mit verdünntem kohlensauren Kalium wird der Ester in wässeriger Lösung gleich zersetzt. In trocknem Aether ist er fast unlöslich; in Chloroform löst er sich schwer.

Elementaranalyse:

0,3003 gr. gaben 0,6226 gr. CO_2 und 0,1631 gr. H_2O.

Stickstoffbestimmung nach Kjeldahl:

0,2963 gr. verbrauchten 11,6 $CC^1/_{10}$ N H_2SO_4.

Berechnet für:

$$C_6H_2 \begin{cases} OCH_3 & (4) \\ OCH_3 & (3) \\ COOC_2H_5 & (2) \\ CONH_2 & (1) \end{cases} \qquad \begin{matrix} C = 56,9 \\ H = 5,9 \\ N = 5,5 \end{matrix} \qquad \begin{matrix} \text{Gef. } 56,5 \\ 6 \\ 5,5 \end{matrix}$$

α Hemipinbenzylamidosäure.

10 gr. Hemipinsäureanhydrid werden gebracht in eine wässerige Lösung von Benzylamin (14 gr. Benzylamin auf 70 gr. Wasser). Das Anhydrid löst sich bei schwachem Erwärmen unter dauerndem

Schütteln beinahe vollständig auf. Die Lösung wird mit Wasser verdünnt, und bei 80° wird die α Hemipinbenzylamidosäure mit Salzsäure gefällt. Nach dem Umkristallisiren aus Alkohol schmilzt die Säure bei 171°—172°; bald darauf zersetzt sie sich unter Gasentwickelung und Bildung von Benzylimid. Die α Hemipinbenzylamidosäure ist schwer löslich in Wasser, unlöslich in Aether, löslich in Aceton und Chloroform; aus Alkohol kristallisirt sie in kleinen Prismen.

Aus 10 gr. Hemipinsäureanhydrid wurden ungefähr 10 gr. reine α Hemipinbenzylamidosäure erhalten.

Bei dieser Reaction entsteht ein wenig β Hemipinbenzylamidosäure; diese wird isolirt, indem man die alkoholische Mutterlauge der rohen α Hemipinbenzylamidosäure mit Wasser verdünnt.

Elementaranalyse:

0,3010 gr. gaben 0,7131 gr. CO_2 und 0,1474 gr. H_2O.

Stickstoffbestimmung nach Dumas:

0,6072 gr. gaben 0,0281 gr. N.

Berechnet für:

$$C_6 H_2 \begin{cases} O\,C\,H_3 & (4) \\ O\,C\,H_3 & (3) \\ C\,O\,N\!\!\begin{smallmatrix} H \\ C_7\,H_7 \end{smallmatrix} & (2) \\ C\,O\,O\,H & (1) \end{cases}$$

$$\begin{array}{llll} C = 64,8 & & \text{Gef.} & 64,6 \\ H = \ \ 5,4 & & & 5,4 \\ N = \ \ 4,4 & & & 4,6 \end{array}$$

Einwirkung von Chlorwasserstoff und Methylalkohol auf α Hemipinbenzylamidosäure.

2 gr. α Hemipinbenzylamidosäure wurden gelöst in 15 gr. Methylalkohol. Nach der Sättigung mit Salzsäuregas gab die Flüssigkeit, über Schwefelsäure und festes Kali gestellt, bald eine Kristallisation des salzsauren Salzes der α Hemipinbenzylamidosäure. In gewöhnlicher Weise gereinigt, wurde es bei Schwefelsäure getrocknet.

Das Salz kristallisirte in feinen Nadeln, und schmolz bei 148°—150° unter Gasentwicklung; es wird mit Wasser schnell umgesetzt in α Hemipinbenzylamidosäure. Ueber Schwefelsäure ist es beständig.

Elementaranalyse:

0,2869 gr. gaben 0,6088 gr. CO_2 und 0,1304 gr. H_2O.

Chlorbestimmung:

0,2750 gr. gaben 0,110 gr. Ag Cl.

Berechnet für:

$$C_6H_2 \begin{cases} OCH_3 & (4) \\ OCH_3 & (3) \\ CON{\overset{\shortparallel}{\underset{C_7H_7}{}}} \cdot HCl & (2) \\ COOH & (1) \end{cases} \qquad \begin{aligned} C &= 58,1 & \text{Gef. } 58 \\ H &= 5,1 & 5,1 \\ Cl &= 10,1 & 9,9 \end{aligned}$$

α Hemipinbenzylisoimid.

2,5 gr. α Hemipinbenzylamidosäure wurden mit 15 gr. Acetylchlorid während 7 Minuten auf dem Wasserbad bei 60° erhitzt am Rückflusskühler.

Die Säure löste sich beinahe vollständig. Nach

Kühlung wurde die Lösung verdünnt mit trocknem Schwefelkohlenstoff, worauf das salzsaure Salz des α Hemipinbenzylisoimids sich als ein Oel absetzte, welches bald erstarrte. Das Salz wurde abfiltrirt, schnell unter trocknen Aether gebracht, und mit einem kleinen Uebermass 30 procentiger Kalilauge unter Kühlung und fortwährendem Schütteln zersetzt. Der Aether wurde nun schnell abgegossen, und einige Augenblicke geschüttelt mit gepulvertem festen Kali. Das Gemisch wurde filtrirt und der grösste Theil des Aethers abdestillirt. Ueber Schwefelsäure gebracht, kristallisirte das α Hemipinbenzylisoimid in schönen Nadeln aus.

Für die Analyse wurde das Isoimid aus Aether umkristallisirt. Sein Schmelzpunkt lag bei 99°-100° 1); bei 200° fand noch keine Zersetzung statt. Es

---

1) Das Hemipinbenzylimid schmilzt bei 128°—132°, ist ein beständiger Körper, kristallisirt aus Alkohol in schönen Nadeln und ist schwer löslich in Wasser. Es wurde dargestellt durch Erhitzen der α Hemipinbenzylamidosäure, bis das entstandene Wasser völlig entfernt war. Es ist unlöslich in Aether, löslich in Chloroform und Aceton.

Elementaranalyse:

0,3000 gr. gaben 0,753 gr. CO_2 und 0,1380 gr. H_2O.

Stickstoffbestimmung nach Dumas:

0,6036 gr. gaben 0,02919 gr. N.

Berechnet für:

$$C_6 H_2 \begin{cases} OCH_3 & (4) \\ OCH_3 & (3) \\ C=O & (2) \\ >N.C_7H_7 \\ C=O & (1) \end{cases}$$

$C = 68,7$		Gef. 68,45
$H = 5,05$		5,1
$N = 4,7$		4,8

ist löslich in verdünnter Salzsäure; bald setzt sich aber aus der Lösung die Hemipinbenzylamidosäure ab.

Elementaranalyse:

0,2502 gr. gaben 0,6261 gr. CO_2 und 0,1196 gr. H_2O.

Stickstoffbestimmung nach Kjeldahl:

0,3032 gr. verbrauchten 9,9 $CC^1/_{10}$ N H_2SO_4.

Berechnet für:

$$C_6H_2 \begin{cases} OCH_3 & (4) \\ OCH_3 & (3) \\ C=N.C_7H_7 & (2) \\ {>}O \\ C=O & (1) \end{cases}$$

	Berechnet	Gef.
C =	68,7	68,2
H =	5,05	5,3
N =	4,7	4,6

α **Hemipinbenzylamidosäuremethylester.**

Die Darstellung dieses Esters geschah in folgender Weise:

Das salzsaure Salz des α Hemipinbenzylisoimids wurde gelöst in absoluten Methylalkohol unter Kühlung.

Es löste sich vollständig. Darauf wurde die Lösung mit Aether und Wasser versetzt. Aus der abgehobenen aetherischen Lösung erhielt ich den Ester, welcher gereinigt wurde durch Umkristallisiren aus Aether.

Aus der nicht getrockneten aetherischen Lösung wurde mit Chlorcalcium der Ester gefällt; die Verbindung abfiltrirt und mit Wasser versetzt.

Den Ester erhält man in dieser Weise gleich rein; er schmilzt bei 96°—97°.

Elementaranalyse:

0,3066 gr. gaben 0,7329 gr. CO_2 und 0,1549 gr. H_2O.

Berechnet für:

$$C_6H_2 \begin{cases} OCH_3 & (4) \\ OCH_3 & (3) \\ CON \overset{H}{\underset{C_7H_7}{}} & (2) \\ COOCH_3 & (4) \end{cases} \qquad \begin{matrix} C = 65{,}7 \\ H = 5{,}8 \end{matrix} \qquad \begin{matrix} \text{Gef. } 65{,}2 \\ 5{,}6 \end{matrix}$$

β Hemipinbenzylamidosäure.

Hemipinbenzylimid wurde auf dem Wasserbad erhitzt mit 5 procentiger Natronlauge. Es ging nach kurzer Zeit völlig in Lösung. Darauf wurde aus der Lösung bei 80° mit Salzsäure die β Hemipinbenzylamidosäure gefällt, welche umkristallisirt wurde aus Alkohol.

Der Schmelzpunkt liegt bei 161°—162°. Sie ist schwer löslich in Wasser; unlöslich in Aether; löslich in Chloroform und Aceton.

Elementaranalyse:

0,3072 gr. gaben 0,6798 gr. CO_2 und 0,1454 gr. H_2O.

Stickstoffbestimmung nach Kjeldahl.

0,3020 gr. verbrauchten 9,65 $CC^1/_{10} N . H_2SO_4$.

Berechnet für:

$$C_6H_2 \begin{cases} OCH_3 & (4) \\ OCH_3 & (3) \\ COOH & (2) \\ CON \overset{H}{\underset{C^7H_7}{}} & (1) \end{cases} \qquad \begin{matrix} C = 64{,}8 \\ H = 5{,}4 \\ N = 4{,}4 \end{matrix} \qquad \begin{matrix} \text{Gef. } 64{,}6 \\ 5{,}6 \\ 4{,}5 \end{matrix}$$

Einwirkung von Methylalkohol und Salzsäuregas auf β Hemipinbenzylamidosäure.

β Hemipinbenzylamidosäure wurde gelöst in die siebenfache Menge Methylalkohol und gab beim Einleiten von Salzsäuregas eine Kristallisation von Hemipinbenzylimid in kleinen Nadeln. Das Imid schmolz bei 128°—132°.

Stickstoffbestimmung nach Kjeldahl:

0,2983 gr. verbrauchten 9,75 C C$^1/_{10}$ N $H_2 S O_4$.

Berechnet für:

$$C_6 H_2 \begin{cases} O\,C\,H_3 & (4) \\ O\,C\,H_3 & (3) \\ C = O & (2) \\ > N . C_7 H_7 \\ C = O & (1) \end{cases} \qquad N = 4,7 \qquad \text{Gef. } N = 4,6.$$

β Hemipinbenzylisoimid.

Das β Hemipinbenzylisoimid wird in gleicher Weise bereitet wie die α Verbindung. Dieses Isoimid kristallisirt aus der aetherischen Lösung in schönen, glänzenden Blättchen. Es schmilzt bei 80°—82°.

Für die Analyse wurde es umkristallisirt aus Aether.

Elementaranalyse:

0,2809 gr. gaben 0,7041 gr. CO_2 und 0,01219 gr. $H_2 O$.

Stickstoffbestimmung nach Kjeldahl:

0,3025 gr. verbrauchten 9,9 C C$^1/_{10}$ N $H_2 S O_4$.

Berechnet für:

$$\mathrm{C_6\,H_2} \left\{ \begin{array}{ll} \mathrm{O\,C\,H_3} & {}^{(4)} \\ \mathrm{O\,C\,H_3} & {}^{(3)} \\ \mathrm{C=O} & {}^{(2)} \\ {>}\mathrm{O} & \\ \mathrm{C=N\,.\,C_7\,H_7} & {}^{(1)} \end{array} \right. \qquad \begin{array}{l} \\ \mathrm{C}=68{,}7 \\ \mathrm{H}=5{,}05 \\ \mathrm{N}=4{,}7 \end{array} \qquad \begin{array}{l} \\ \text{Gef. } 68{,}4 \\ 4{,}8 \\ 4{,}6 \end{array}$$

Das β Hemipinbenzylisoimid verhält sich Agentien gegenüber wie das α Hemipinbenzylisoimid.

Die Einwirkung von Alkohol auf die freien Isoimide erfordert noch ein näheres Studium.

β Hemipinbenzylamidosäuremethylester.

Dieser Ester wurde, wie der α Hemipinbenzylamidosäuremethylester aus salzsaurem α Hemipinbenzylisoimid, durch Behandeln von salzsaurem β Hemipinbenzylisoimid mit Methylalkohol dargestellt. Aus 2,5 gr. β Benzylamidosäure betrug die Ausbeute 1,5 gr. an rohem Ester. Er wurde gereinigt durch Lösen in Alkohol und Fällen mit Wasser. Er schmilzt bei 113°.

Elementaranalyse:

0,2404 gr. gaben 0,5771 gr. CO_2 und 0,1259 gr. H_3O.

Stickstoffbestimmung nach Kjeldahl:

0,3023 gr. verbrauchten 8,85 $CC^{1}/_{10}$ $N\,.\,H_2\,S\,O_4$.

Berechnet für:

$$\mathrm{C_6\,H_2} \left\{ \begin{array}{ll} \mathrm{O\,C\,H_3} & {}^{(4)} \\ \mathrm{O\,C\,H_3} & {}^{(3)} \\ \mathrm{C\,O\,O\,C\,H_3} & {}^{(2)} \\ \mathrm{C\,O\,N}{<}^{\mathrm{H}}_{\mathrm{C_7\,H_7}} & {}^{(1)} \end{array} \right. \qquad \begin{array}{l} \\ \mathrm{C}=65{,}7 \\ \mathrm{H}=5{,}8 \\ \mathrm{N}=4{,}3 \end{array} \qquad \begin{array}{l} \\ \text{Gef. } 65{,}5 \\ 5{,}8 \\ 4{,}1 \end{array}$$

INHALT.

GPSR Compliance
The European Union's (EU) General Product Safety Regulation (GPSR) is a set
of rules that requires consumer products to be safe and our obligations to
ensure this.

If you have any concerns about our products, you can contact us on

ProductSafety@springernature.com

In case Publisher is established outside the EU, the EU authorized
representative is:

Springer Nature Customer Service Center GmbH
Europaplatz 3
69115 Heidelberg, Germany